Tratado moderno de logística, distribución y exportación de rubros agrícolas

Producción, logística y Exportación, Volume 2

Ana Elizabeth Duarte Hernandez and Wilmer Antonio Velásquez Peraza

Published by Wilmer Antonio Velásquez Peraza, 2023.

TRATADO MODERNO DE LOGÍSTICA, DISTRIBUCIÓN Y EXPORTACIÓN DE RUBROS AGRÍCOLAS

First edition. April 11, 2023.

ISBN: 979-8215470633

Written by Ana Elizabeth Duarte Hernandez and Wilmer Antonio Velásquez Peraza.

TRATADO MODERNO DE LOGISTICA, DISTRIBUCION Y EXPORTACION DE RUBROS AGRICOLAS

TRATADO MODERNO DE LOGISTICA, DISTRIBUCION Y EXPORTACION DE RUBROS AGRICOLAS

CONTENIDO:

LOGISTICA DE EXPORTACION DEL BANANO DE COSTA RICA, EL MEJOR DEL MUNDO.

LOGISTICA DE EXPORTACION DE MANGO Y AGUACATE DE MEXICO.

Tabla de contenidos

PRESENTACION:

El aumento constante de la población a nivel mundial, así como la necesidad de cubrir la alta demanda de frutas, hortalizas y verduras generada, ha hecho que cada vez más se requiera almacenar y conservar estos productos durante todo el año, esto es, fuera de la temporada de zafra, con el fin de que puedan ser consumidos frescos en cualquier momento en cualquier parte del planeta, es decir, como si acabaran de ser cosechados.

En ese sentido, cada día, se exige una mayor eficacia y eficiencia en los procesos de manejo postcosecha para asegurar las mejores condiciones de conservación posibles, así como el oportuno aprovisionamiento de las frutas, hortalizas y verduras.

Paralelamente, esa óptima conservación disminuye el desperdicio y desaprovechamiento de estos permitiendo su consumo en cualquier parte del mundo más allá de la temporada gracias a una avanzada logística de exportación.

La logística postcosecha hace referencia al proceso de manejo y transporte de los productos agrícolas después de ser cosechados.

Vale decir incluye aquellas actividades necesarias para mantener la calidad y la vida útil de los productos durante su transporte y almacenamiento en el proceso de su venta, exportación y consumo.

Con la mirada puesta en ofrecer soluciones a un sinfín de situaciones relacionadas con una eficaz conservación de alimentos hemos preparado el presente ...

TRATADO MODERNO DE LOGISTICA, DISTRIBUCION Y EXPORTACION DE RUBROS AGRICOLAS

Es de suma importancia contar con una Logística de Avanzada que garantice alta eficiencia en la entrega de los productos para que estos lleguen en buen estado a la mesa, cumpliendo con todas las normas y requisitos de calidad exigidos por el comprador y sin trabas en el intercambio entre países cumpliendo para ello con las normas y regularizaciones aduaneras respectivas.

AGRADECIMIENTOS

Gracias al Dios Altísimo.

Gracias a la vida

Y gracias a todos los productores, exportadores, emprendedores y pequeños grandes empresarios que hacen posible no solo la producción sino la logística, exportación y distribución de rubros agrícolas a nivel mundial.

DEDICATORIA

A ti, amado lector con pasión y entrega.

A la espera de que este contenido sea de máxima utilidad en tu camino como exportador y como ejecutor de una moderna logística de exportación, siempre en la búsqueda de ayudar al prójimo.

CAPÍTULO I
QUÉ SON RUBROS O PRODUCTOS AGRICOLAS

Bajo la denominación de rubros agrícolas se conocen todos aquellos vegetales que constituyen productos esenciales para el consumo humano, provenientes del cultivo directo de la tierra.

Dada su importancia y valor estratégico tienen gran relevancia en la economía de los pueblos, por ello han encontrado colocación en el mercado de valores. Es decir, pueden ser considerados y tratados como activos financieros.

También se les considera como *productos básicos*, o *comodity*, término éste que hace referencia a un producto agrícola o material primario que se puede comprar y vender en la Bolsa como el café, o el cobre.

De modo, que un *comodity* es un producto que, sin importar el país donde se origina, no presenta variaciones significativas de su valor intrínseco, pudiendo cotizarse de forma natural en la Bolsa de Valores.

De la misma manera, los productos básicos son utilizados como materias primas para lograr la producción, a partir de ellos, de otros productos altamente demandados en los mercados de consumo, tal es el caso de la soya que se utiliza como materia prima para la extracción del aceite de soya, producto éste, consumido masivamente en el mundo.

Las materias primas se caracterizan porque responden a una demanda global sin tomar en consideración su origen. Así, aquellas comercializadas en América del Norte por ejemplo son las mismas que se comercializan en Asia y Europa, los artículos son básicamente los mismos con todas sus características independientemente de donde se produzcan ya que son esenciales para mantener el estilo de vida, hábitos y costumbres de las poblaciones.

Cuando hablamos de materias primas no hacemos referencia únicamente a materias primas de origen agrícola, sino también a aquellas de origen mineral y que son extraíbles de la tierra como por ejemplo petróleo, gas natural, oro, entre otros.

Por último, se consideran aquí las materias primas denominadas ambientales las cuales incluyen madera, carbón, agua y generación de energía.

En resumen, un producto agrícola es aquel que proviene de prácticas agrícolas, sin ningún proceso industrial transformador, pudiendo constituir un comodity agrícola. Ejemplo: la soya, el café.

La producción agrícola, como fuente de materia prima que se obtiene mediante el cultivo de la tierra, está sujeta a una condición altamente riesgosa, porque su productividad depende del clima, de los métodos utilizados para su producción, de la accesibilidad al uso de riego, entre otros, además, demandan la conjunción de esa multitud de factores que deberán combinarse de forma efectiva a la hora de lograr óptimas producciones.

Desde el punto de vista económico son productos de alta volatilidad en el mercado. Se les denomina perecederos o de vida corta o también materias primas *blandas,* requiriendo medios especiales para la preservación de su calidad en condiciones adecuadas, manipulación, empaque y traslado del lugar de origen a los lugares de uso y consumo, además de que igual son sujetos a las leyes de oferta y demanda.

Esta condición hace que muchos países evalúen si invierten o no en productos primarios agrícolas, para no verse expuestos al alto riesgo que todo lo anterior representa. Otros, culturalmente hablando, no pueden dejar sus inversiones porque los productos son altamente demandados, caso del aguacate mexicano, o el café colombiano.

En tanto, que las materias primas extraíbles de la tierra, es decir las no cultivables, por su naturaleza fija, no sujetas a condiciones de alto riesgo, responden a una oferta y demanda predecible, son estos los recursos naturales como minerales, metales, reservas de petróleo, gas, oro entre otros, los cuales son considerados *no perecederos o duros.*

Desde el punto de vista de la economía son la base de la estabilidad y de la salud económica y financiera de un país, pudiendo representar seguridad para sus pobladores.

Por ejemplo, en el caso de Venezuela, la posesión, explotación y desarrollo de su industria petrolera le confirió en el último tercio del siglo XX seguridad, estabilidad y avance de su población, mas, sin embargo, la reciente crisis ha sido de un impacto sin precedentes, todo ello debido a que llegó a depender completamente de las exportaciones de petróleo.

Igualmente, las materias primas duras como el oro han sido indicativos de prosperidad y preservación de la riqueza de los países.

Funcionamiento de los rubros agrícolas en el mercado de valores:

Como es obvio, los productos básicos de origen agrícola se caracterizan por ser fuentes de inversión y se comercializan nacional e internacionalmente.

El movimiento físico de los rubros agrícolas en los mercados, en la Bolsa de Valores, es innecesario. ¿Por qué así?

Porque se trata de un tipo de comercialización mediante contratos o acuerdos de compra y venta a futuro, cualquiera que sea la unidad de venta según la naturaleza del producto. (saco, kilogramo, tonelada...entre otros).

Las agroindustrias que compran los rubros agrícolas como materia prima para sus productos terminados lo hacen incluso antes del final de las cosechas, basando el precio en las estimaciones de la producción, en este aspecto con un mínimo error ya que se realiza mediante diversos softwares aplicación de la llamada Agricultura de Precisión.

Así se vende café, maíz, soya, trigo, entre otros antes de que la cosecha esté lista.

Mercado físico:

El mercado físico se caracteriza porque por lo general, el pago es en efectivo, es decir, ocurre el proceso de compraventa mediante el intercambio directo de bienes por dinero.

En este caso, el productor vende directamente su producción agrícola a un comprador que actúa en el mercado físico. Este mercado se conoce como *mercado disponible o spot* en la bolsa de valores.

Mercado a plazo:

En este caso, la producción agrícola se conviene pagar a plazos mediante un acuerdo entre las partes interesadas, se le llama mercado *forward*. En la operación comercial queda determinado el precio a la fecha de la negociación, así como la cantidad, el plazo y otros detalles. Como se ve se han librado de la volatilidad buscando minimizar los niveles de riesgo. Tiende a ser en efectivo.

Mercado de futuros:

El mercado de futuros es similar al tipo de negociación de contratos de futuros, una práctica común en la bolsa de valores.

Los contratos de futuros de materias primas se realizan para la compra o venta de una materia prima en una fecha predeterminada (en el futuro), con un precio específico y un valor predefinido.

¿Por qué existe este mercado?

Los compradores de alimentos y productos básicos, como la energía, o los alimentos, utilizan contratos de futuro, como una forma de reducir el riesgo de que los precios suban, de tal modo que el precio se fija previo a la entrega.

Así que digamos que el precio del café sube en agosto, pero el comprador acordó en junio comprar X toneladas a X precio, el alza del precio no le afectará.

Si trabajara con el diferencial de precios ahora podría venderlo a un precio más elevado obteniendo beneficios.

En caso contrario, el vendedor de futuros sacará provecho de la venta del producto porque obtuvo un precio más alto, que el negociado previamente.

Qué caracteriza un Rubro agrícola como activo financiero:

Los rubros agrícolas se han venido constituyendo a lo largo de la historia de la humanidad en activos financieros, mediante el intercambio comercial, en función de tres aspectos los cuales determinan y fijan dicha condición.

Estos aspectos abarcan en primer lugar el **precio**: Se refiere a que el precio de un producto es el mismo independientemente de donde se produzca. Responde por su colocación en el mercado, a las leyes de la oferta y la demanda. Así, por ejemplo, un saco de 60 kg de café tiene el mismo precio en Brasil, Colombia o Vietnam, una tonelada de aguacate en México tiene el mismo precio internacional en Estados Unidos o en Europa.

En segundo lugar, hace referencia al hecho de que, independientemente de dónde se produzca o el método usado para su producción, es siempre el mismo producto, esto se conoce como **estandarización o normalización**.

De tal modo que un grano de café no varía si se produce en Panamá en Brasil o en Colombia. Pueden encontrarse diferencias de sabor aceptables, pero en esencia es el mismo producto y se negocia igual en la bolsa de valores con el mismo índice referencial.

En tercer lugar, hay un denominador común para la mayoría de los productos agrícolas y es que se producen en grandes cantidades por lo cual también se negocian en grandes **volúmenes.**

Criptosoya:

A lo largo del tiempo, Argentina ha sido reconocida como el granero de América del Sur.

A finales del siglo XX, Argentina se inició en la práctica de la agricultura de precisión, siguiendo a Estados Unidos, Canadá, Australia, y otros.

Como consecuencia, del auge de la Agricultura de Precisión Argentina potenció su capacidad productiva agrícola.

Hoy día ante el avance de las criptomonedas, a través de Agrotoken Argentina ha **creado la denominada criptosoya.**

Así la criptosoya es un token del grano de soya producido mediante la Agricultura de precisión.

De inmediato le seguirán **criptomaiz y criptotrigo...** y otros bajo la égida de Agrotoken.

Por consiguiente, se vive un gran avance hacia una nueva era en los agro cripto negocios, en un mundo cada vez más digitalizado e interconectado.

CRIPTOSOYA, el primer cripto activo agrícola digital argentino, es un token de soya equivalente a una TM de grano.

Agrotoken es la plataforma para tokenizar una tonelada métrica de soya (TM), transformándola en un token.

La criptosoya ha sido creada a través del proceso de **tokenización**

Tokenización es tokenizar.

Tokenizar es la transformación y representación de un activo físico, una TM de soya, en este caso, dentro de la **tecnología blockchain.**

De modo que, la tokenización de activos se refiere al proceso de emisión de tokens dentro de una cadena de bloques.

En consecuencia, se digitaliza un activo físico transformándolo a **token.**

CRIPTOSOYA es un token

Criptosoya es una TM de granos de soya transformados en un token.

Token ("ficha" en inglés), define una unidad de valor emitida por una entidad privada.

Por lo que cada token representa digitalmente un activo negociable real, tangible.

Un token es una unidad de valor que puede ser representada por una TM de soya, en este caso.

De manera similar, el oro, el petróleo, una cabeza de ganado, las acciones de una propiedad, entre otros, son **tokenizables**.

Igualmente, todo activo que tenga valor de intercambio puede ser convertido a **token**.

En definitiva, un token es un activo digital utilizable dentro del ecosistema de un proyecto, según el objetivo planteado por sus creadores.

Por lo tanto, su valor es aceptado por una comunidad y se fundamenta en la tecnología blockchain.

Un **token** se puede dividir en fracciones y cualquiera puede adquirir una porción de ese activo.

Puede almacenarse en una **billetera cripto**, y entonces accedes a un **mercado secundario**.

De tal modo que puedes obtener ganancias en dólares según su apreciación.

La transparencia e inalterabilidad está garantizada por la tecnología blockchain.

¿Qué es blockchain?

Blockchain constituye un conjunto de registros digitales que se programan para guardar información sobre cualquier bien.

Con cada información añadida se agrega un bloque, la información es segura y descentralizada.

El valor de cualquier ítem es almacenado, conservado y respaldado por información inmutable.

Así, es de gran utilidad en la Agroindustria, como lo es para las criptomonedas.

A través de dicha tecnología se puede certificar digitalmente la cadena de valor de cualquier producto agrícola, en cada uno de los pasos del proceso:

Tipo de semilla, dirección de la granja, época de siembra y cosecha, transporte, tiempo de arrime, emisión de pagos, y más, ninguna información queda al azar.

Tokenización de comodities:

Tokenización de comodities: proceso de digitalización de un activo físico que...

Lleva toda su información a un blockchain y lo convierte en un token.

Vimos que Comodity es cualquier materia prima o producto agrícola primario que se puede comprar y vender, como soya, cobre o café.

Podría decirse que estamos en la **era de los criptocomodities**.

Por lo tanto, puedes invertir en tokens de soya, azúcar, vacas o vino con toda confianza.

Sin necesidad de poseer un metro cuadrado de terreno, y lo mejor, puedes tener una renta en dólares con un riesgo mínimo.

¿Qué es Agrotoken?

Agrotoken es la primera plataforma global de tokenización de comodities agrícolas, de granos y alimentos.

Dicha plataforma es capaz de convertir activos agrícolas en activos digitales, los tokeniza.

Por lo que, transforma **algo real**, soya en este caso, en **un software**, o activo digital.

En consecuencia, criptosoya es una **stablecoin** o moneda estable porque está respaldada por un activo real, el grano de soya.

Una **stablecoin** se diferencia de las criptodivisas como el Bitcoin, porque tiene el respaldo de un activo, por lo que es menos volátil y más segura.

Por otra parte, puede ser utilizado como medio de transacción o pago.

Como resultado tenemos tokens de vino **OpenVINO;** de azúcar, **SUCOIN** y cabezas de ganado **BitCow**, todos de Argentina.

CAPÍTULO II

PRINCIPALES RUBROS AGRICOLAS DE PRODUCCION MUNDIAL

En la correspondiente investigación sobre este tópico, de inmediato destaca como principal limitación la obtención de datos debidamente actualizados al 2022, no obstante, la información señala inequívocamente que los países desarrollados son los mayores productores de los principales rubros agrícolas que consumen los habitantes de la tierra.

Así, tenemos como principales productores mundiales China, India, Estados Unidos y Brasil.

Esto, tiene una razón de ser, claramente válida, cuando comprendemos que la producción agrícola masiva, hoy día, en manos de grandes empresas, se transformó en un sistema de producción basado en el uso de la información satelital, por medio de equipos complejos compuestos por sistemas de posicionamiento o GPS, sensores, softwares, entre otros equipos, los cuales trabajando en tiempo real observan, miden, almacenan, manejan y transmiten datos precisos, haciendo uso de la *Tecnología de la información* en lo que se conoce hoy día como Agricultura de Precisión.

Estos avances han conformado el nuevo panorama de la producción agrícola mundial en los últimos 30 años trayendo tractores con hardware y softwares incorporados para la automatización de las tareas agrícolas, drones, sembradoras inteligentes, además de semillas transgénicas, entre otros, facilitan la toma de decisiones en el campo agrícola y han transformado la agricultura tradicional en una actividad altamente productiva y rentable.

Por ejemplo, el monitoreo de rendimiento incluye la medición de la porción del sembradío a cosechar, es decir, un lote de terreno en el espacio y en el tiempo es monitoreado en base a parámetros indicativos de las necesidades de insumos y la síntesis de las mediciones de tales parámetros, gracias al avance de la tecnología de las computadoras, permiten editar un mapa de distintos colores que representan rangos de rendimiento dentro del lote de terreno.

Con esos mapas de rendimiento es posible identificar áreas donde es necesario ajustar los insumos para optimizar los rendimientos y minimizar la contaminación.

Dentro de las ventajas de la Agricultura de Precisión podemos citar:

· Es una agricultura capaz de maximizar la producción por cada centímetro cuadrado de terreno, superando la variabilidad característica del suelo, cuerpo heterogéneo, por naturaleza.

· Permite aplicar de forma exacta las cantidades de agro insumos, lo que optimiza su uso y aprovechamiento por las plantas, por ello,

· Reduce los costos

· La reducción de costos y la obtención de abundantes cosechas asegura mejores ingresos al productor, lo cual es altamente satisfactorio.

· Aunado a todo lo anterior, el uso exacto de los insumos actúa disminuyendo la contaminación de suelos y aguas, es decir, colateralmente incide positivamente en pro de la conservación medio ambiental.

Ahora bien, ese mundo optimizado presenta limitaciones, dentro de las cuales podemos destacar:

· Para su implementación se confronta la dificultad de que la práctica de la Agricultura de Precisión NO es barata.

· Es necesario contar con equipos de maquinaria agrícola capaces de aceptar la adaptación de Sistemas de Posicionamiento Global (GPS), Sistemas de Información Geográfico (SIG), sensores, monitores, entre otros, para controlar de forma continua, las dosis y cantidades de insumos en cada labor. Así como la interpretación de los datos recogidos para la mejora de la toma de decisiones.

· Todo lo anterior representa **fuertes inversiones de capital.**

· Es decir, se trata de un sistema de producción agrícola de acceso restringido para el agro productor común, dados sus altos costos y evidente complejidad, debido a que el manejo de softwares, monitores, sensores remotos, entre otros, exige siempre habilidades y destrezas que, si bien no son imposibles de alcanzar, exigen esfuerzo y dedicación extra, amén de lo esforzado que resulta la labor de campo, usualmente.

La Agricultura de Precisión es un sistema de producción agrícola de extraordinarias características positivas llamado a contribuir de forma significativa y acertada a disminuir el hambre en el mundo sin dañar el medio natural, con abundantes cosechas y mejores beneficios, solo que ha quedado para los grandes inversionistas y empresas transnacionales, ello explica que los mayores productores sean los países desarrollados y explica también la desigual capacidad de la humanidad de acceder al alimento que demanda.

Tabla No. 2

Principales cultivos del mundo. El top ten para ese momento.

Sabemos que no es el dato más actual del que podemos disponer, sin embargo, dentro de los 10 principales cultivos del mundo para el año 2014 te mostramos los siguientes:

Número 1

Caña de azúcar (Sacharum officinarum) originaria de las regiones asiáticas, con una producción en Gigatoneladas de 1899.9 para el año 2014, con un rendimiento promedio de 69.9 Tm/ha producida en los países de Brasil, India, China, Tailandia y Pakistán.

Número 2

En esta posición encontramos el cultivo de maíz, (Zea mais), originario de México, con una producción para 2014 de 10.216 Gigatoneladas, un rendimiento promedio de 5.57 Tm/ha. Producido mayormente por Estados Unidos y China Continental, además de Brasil Argentina y Ucrania.

Numero 3

Arroz (Oriza sativa), originario de Japón y Corea, con una producción para 2014 de 74.096 Gigatoneladas, un promedio de 4.514 Tm/ha siendo los mayores productores China Continental, India, Indonesia, Bangladesh y Vietnam.

Número 4

Trigo (Triticum spp), originario de Mesopotamia, para 2014 se produjeron 72.897 Gigatoneladas con un promedio de 3.290 Tm/ha. Se produce mayormente en India, China Continental, Federación de Rusia, Estados Unidos y Francia.

Número 5

Papa (Solanum tuberosum) este cultivo es originario de Sudamérica, su producción alcanza las 38.00 Megatoneladas para 2014, su promedio mundial es de 20.05 Tm/ha y se siembra en China Continental, India, Federación Rusa, Ucrania y Estados Unidos.

Numero 6

Soja o soya (Glicine max), originaria de Asia, 30.844 Megatoneladas producidas para 2014, y un rendimiento promedio de 2.62 Tm/ha, mayormente producida en Estados Unidos, Brasil, Argentina, China Continental e India.

Número 7

Yuca, mandioca, tapioca (Manihot esculenta), originaria de América del Sur, se obtuvo una producción para 2014 de 27.029 Megatoneladas. El rendimiento promedio fue de 20.97 Tm/ha. Nigeria, Tailandia, Indonesia, Brasil, República del Congo destacan dentro de los paises más productores.

Numero 8

Cebada (Ordeum vulgare) originaria del Antiguo Egipto con 14.033 Megatoneladas para 2014, con un rendimiento de 2.09 Tm/ha se produce mayormente en la Federación Rusa, Francia, Alemania, Austria y Ucrania.

Numero 9

Banano, plátano, guineo, cambur, topocho (Musa paradisiaca), originario de la región indomalaya, produjo para 2014 un total de 10.596 Megatoneladas, el rendimiento promedio fue de 20.97 Tm/ha, los principales productores mundiales son India, China Continental Filipinas Brasil, Ecuador y Costa Rica.

Numero 10

Bata, camote, chaco, patata dulce (Ipomea batata), originaria de los trópicos de Centro y Sur América, para 2014 se obtuvieron a nivel mundial un total de 10.445 Megatoneladas. Con un rendimiento promedio de 13 Tm/ha se produce en China Continental, Nigeria, Tanzania, Etiopía e Indonesia.

Fuente: https://www.agropprod.com/informacion/los-10-cultivos-mas-importantes-del-mundo/

La Agricultura ha sido a través del tiempo, y sigue siendo hoy día, la actividad más trascendental de la historia de la humanidad.

En la actualidad la superficie de tierra destinada a la agricultura en el globo terráqueo es de aproximadamente 5 000 mega hectáreas (Mha), o sea el **38 %** de la superficie de tierra mundial. De esa superficie aproximadamente un tercio se ocupa como tierra cultivable, mientras que los dos tercios restantes son praderas y pastizales utilizadas en el pastoreo de ganado.

La mayor parte de la tierra que es cultivable a nivel mundial está en **América Latina.**

La práctica de la agricultura siempre ha estado dirigida a satisfacer la necesidad de producir el sustento, es decir, garantizar la seguridad alimentaria.

Según la FAO, en una definición establecida en la Cumbre Mundial de la Alimentación (CMA) de Roma en 1996, la **seguridad alimentaria** se da cuando todas las personas tienen acceso físico, social y económico permanente a alimentos seguros, nutritivos y en cantidad suficiente para satisfacer sus requerimientos nutricionales.

La población mundial alcanzó en 2022 la cifra de 8 mil millones de personas, ello supone un incremento de las necesidades de producción de alimentos para la alimentación de la especie humana. Producir alimentos en cantidades suficientes para garantizar tanto la disponibilidad como el acceso a una ingesta de alimentos suficientes para disponer de una vida activa y sana, es hoy por hoy el más grande desafío al que se enfrenta el mundo.

¿Cómo promover un desenvolvimiento cónsono de la producción agrícola que logre alinear la necesidad de alimentarse de cada ser humano, como derecho básico, y la conservación medio ambiental para hacer dicha actividad sostenible en el tiempo?

Desafortunadamente, pese a los múltiples avances tecnológicos la solución de la pregunta anterior sigue siendo el reto más grande que enfrenta la humanidad.

La agricultura y la ganadería por su propia naturaleza tienden a ser los sectores de mayor impacto medioambiental, estas actividades agroeconómicas irrumpen en el medio natural afectando el equilibrio natural de los ecosistemas, provocando el desgaste de los suelos, contaminando las aguas, y si bien las avanzadas prácticas de la Agricultura de Precisión son paliativas, los enormes volúmenes de terreno requeridos, el uso de agroquímicos, entre otros, conlleva a la larga, a la pérdida de la capacidad de producción de los terrenos.

Por otra parte, en el tiempo, con el crecimiento de la población, producto de la necesidad de vivienda, se ocupan con construcciones civiles las mejores tierras para la producción existiendo una especie de competencia de uso, donde la agricultura es desfavorecida.

De manera intrínseca se produce el impacto ambiental, grandes extensiones de terreno pasan de estar sembradas a ser asiento de viviendas.

Por otra parte, se observa que las prácticas de agricultura y ganadería intensivas se relacionan con un alto consumo de energía, y de agua causando el desgaste de acuíferos naturales, emisiones de gases de efecto invernadero, entre otros.

La agricultura extensiva o semi intensiva, involucra pequeños productores con uso escaso de tecnología, con producciones insuficientes, por sus bajos rendimientos y en su desempeño causan deforestación, erosión y pérdida de fertilidad de suelos.

Todo ello compromete la sustentabilidad de la actividad como gestión primordial.

La sustentabilidad se refiere a la imperiosa obligación de no comprometer el derecho de alimentarse de las futuras generaciones, a costa de satisfacer las necesidades actuales de la población existente.

¿Cuál es el camino para tener una seguridad alimentaria sustentable?

En la actualidad detrás de la producción de alimentos se mueve una industria de gran fuerza y complejidad que incluye tanto la producción agrícola como la ganadera con un eficiente manejo post cosecha de los rubros agrícolas, técnicas de almacenaje y preservación, estibado, cadena de frio, transporte y entrega de continente a continente inclusive, entre otros aspectos, pero solo se trabaja en tiempo presente, nada garantiza su sustentabilidad.

CAPÍTULO III

PRODUCCION AGRICOLA EN EL CONTINENTE AMERICANO Y OTRAS PARTES DEL MUNDO

Como se señaló previamente, la limitación más importante en el desarrollo de este contenido ha sido la obtención de cifras sobre la producción agrícola por país.

En el continente americano encontramos de primero, a Norte América formada por Canadá, Estados Unidos y México.

Tenemos que el maíz, el trigo y la soja o soya, son los principales cultivos del norte y centro de los Estados Unidos, Soja o soya es usado para producir aceite y proteínas. Al sur de Canadá, destaca la producción de trigo.

Estados Unidos es el más grande productor y exportador de maíz, cosecha aproximadamente 200 millones de toneladas anuales y exporta 20% de las mismas. El maíz norteamericano se utiliza para producir etanol y alimentos concentrados en la alimentación animal y se exporta a paises de América y Asia.

Los productores más grandes de maíz son los EE. UU. y China que producen 37 y 21% de la totalidad mundial respectivamente. Los tres principales exportadores de maíz del continente americano son EE. UU., Argentina y Brasil.

México, por su parte produce maíz, frijol arroz y trigo para consumo interno y se ha mantenido como el principal país exportador del mundo de aguacate, tomates, chiles, pimientos, frutos rojos y mango, entre otros.

Tabla No. 3

Productos más exportados por México durante 2022

Rubros	Miles de TM
Aguacate	2.513
Jitomate	1.860
Pimiento	1.228
Cítricos	613
Fresas	556
Pepino	504
Guayaba, mango y mangostanes	477
Coles	440

Estados Unidos es el principal consumidor de aguacate mejicano.

Agricultura en Centroamérica:

América Central, también llamada Centroamérica, es la región geográfica en medio de Norte y Sur América. Está rodeada por el océano Pacífico y el océano Atlántico.

Se extiende desde Guatemala hasta Panamá. Es decir, es una porción del continente circundada entre los océanos Pacifico y Atlántico, que une a Norteamérica con Sudamérica.

A excepción de Panamá que cuenta con ingresos extraordinarios debido a la ventaja que representa el Canal de Panamá, obra ingenieril que une ambos océanos (Atlántico y Pacífico) y que permite el tránsito de todo tipo de mercaderías entre Asia y Europa, **para el resto de los países centroamericanos de forma significativa sus economías dependen del sector agrícola como fuente de obtención de divisas, constituyendo este, un factor fundamental en la estabilidad y desarrollo económico-social.**

A través del tiempo, el sector agrícola ha constituido de manera tradicional una fuente generadora de ocupación de la población rural, ya que más de la mitad de la población de Centroamérica vive en zonas rurales y cerca del 70% de ellos dependen de la agricultura aportando alimentos para los sectores rural y urbano de las comunidades.

Cabe mencionar que la producción de cultivos para consumo interno abarca el cultivo del maíz, arroz, frijoles y frutas tropicales.

Entre los cultivos de exportación destaca el café, el cual es exportado a Estados Unidos, Europa occidental y Asia, además exportan algodón, caña de azúcar, bananos y palma aceitera

En 2020 los principales exportadores de banano fresco o seco en Centroamérica fueron Costa Rica, con $1.083 millones, seguido de Guatemala, con $930 millones, Honduras, con $531 millones, Panamá con $152 millones y Nicaragua con $23 millones.

De manera general, la oferta agrícola ha ido in crescendo, generándose producciones significativas en la región del Istmo, (Panamá, Costa Rica, Nicaragua, Honduras, Guatemala, El Salvador y Belice) así, destacan en la producción melón, sandía, pepino, ornamentales, cultivos tropicales no tradicionales (piña, papaya, jengibre, guayaba, mango, moras o "berryes").

Según el SICA (Sistema de Integración Centro Americana) el PIB agrícola representó el 7% del PIB total en la región para el año 2020. Las exportaciones agrícolas representaron el 44% del total de exportaciones para junio de 2020. Para junio de 2021 fueron de 50%.

Si desglosamos estas cifras por país destaca Guatemala como el principal exportador con el 28% de las exportaciones agrícolas, le sigue Costa Rica con 24% y Honduras con 16%.

En la actualidad, el café (*Coffe arábiga*), el banano (*Musa paradisiaca*), la palma aceitera (*Elaeis guinensis*) y la caña de azúcar (*Saccharum oficinarum*) constituyen la principal oferta centroamericana.

Conocido el potencial agrícola de estas tierras, así como la inmensa oportunidad de adquirirlas a bajo costo y en condiciones de oportunidad desde concesiones hasta regalías, las transnacionales del banano United Brands, Dole, Chiquita Brands, Del Monte, entre otros, establecieron el cultivo de banano en la región, constituyendo en poco tiempo un gran emporio productor capaz de transformar el escenario socio político de algunos de estos países.

Con el paso del tiempo, el crecimiento poblacional ha desplazado las grandes fincas productoras para dejar campo a la construcción de viviendas, viéndose afectada inclusive la producción de cultivos tradicionales como frijoles, arroz maíz, de consumo interno.

Las empresas Dole, Chiquita Brand, Del Monte, Standard Fruit & Co., entre otras continúan ocupando significativas extensiones de Centroamérica con plantaciones de banano

Actualmente, gran parte de la agricultura centroamericana pasa por un momento de crisis que se evidencia en una difícil situación de su población rural, ello se debe en mayor grado debido a caídas de los precios internacionales.

La brecha tecnológica existente entre los países más avanzados y los centroamericanos ocasiona una baja competitividad, en todos los aspectos, ello se refleja notoriamente en la producción y comercialización de los productos básicos y aún más en los rubros de exportación.

Rubros como el café han venido sufriendo los efectos del precio en el mercado internacional pasando de 260 dólares en 2022 a 165 dólares por quintal en el mercado internacional a la fecha de febrero de 2023 lo que afecta las economías de los países centroamericanos exportadores de dicho rubro.

Tabla No. 4

Porcentaje de la Agricultura en el PIB Total entre América Central con relación a otros países del mundo

PAIS	PORCENTAJE %
ALEMANIA	1
USA	2
FRANCIA	2
HOLANDA	3
AUSTRALIA	3
NICARAGUA	32
GUATEMALA	23
HONDURAS	16
COSTA RICA	11
EL SALVADOR	10

En Panamá Los principales productos agrícolas incluyen **bananos, granos de cacao, café, cocos, madera, carne de res, pollo, camarones, maíz, papa, arroz, soja y caña de azúcar.**

Por su parte, Costa Rica es el principal exportador mundial de piña y se mantiene entre el segundo y tercer lugar como exportador mundial de banano. Además, exporta de forma significativa melón, papaya, sandía y mango.

Según el Ministerio de Comercio Exterior de Costa Rica, entre los principales productos exportados en 2019, el banano representa el 8,7 % del total, la piña el 8,4 %, las preparaciones alimenticias un 4,1 % y el café un 2,4 %.

A través del tiempo, el sector agrícola ha constituido de manera tradicional una fuente generadora de ocupación de la población rural, ya que más de la mitad de la población de Centroamérica vive en zonas rurales y cerca del 70% de ellos dependen de la agricultura aportando alimentos para los sectores rural y urbano de las comunidades.

Producción en América del Sur:

En Latinoamérica los principales países exportadores son Brasil, Chile y Argentina, además destacan Ecuador, Perú, Uruguay y Paraguay.

Brasil es un importante productor agrícola de América del sur. Los principales productos son **el café, el azúcar, la soja, la yuca o mandioca, el arroz, el maíz, el algodón, los frijoles y el trigo**. Brasil produce, además aproximadamente 2 000 millones de litros de leche por año y es el séptimo productor mundial.

En Argentina los cultivos de mayor producción son la soya, el maíz, el trigo con más del 80% del área cultivada y en menor medida el girasol, la cebada y el sorgo.

Como ya referimos la tokenización, dentro del esquema de la plataforma de Agrotoken, permite la conversión de productos agrícolas reales en activos digitales, creando así los llamados criptoactivos, lo que conlleva a que existe una tonelada de granos entregados en un centro de acopio, silo receptor de cosecha, o empresa exportadora que lo respalda.

El valor de los tokens SoyA, CorA y WheA corresponde a una TM de Soya, Maiz o Trigo, cuyo valor se determina en tiempo real en un momento dado.

En Chile, Argentina y Perú se producen papas o patatas.

Frutas y vegetales como manzanas, peras uvas, tomate, cebolla, entre otros en Chile y Argentina.

El mango es un cultivo común en países como Brasil y Perú donde constituye una importante fuente de ingresos para los productores locales. Se cultiva en zonas tropicales cálidas y húmedas. Se exporta a los mercados de Europa Asia y Norteamérica.

El aguacate es un cultivo común en países como Perú, Chile, Colombia, y Brasil, es una fruta tropical que requiere de condiciones climáticas específicas para su cultivo, y se exporta principalmente a mercados en Estados Unidos, Europa y Asia.

En los últimos años, el aguacate y el mango han mostrado un aumento en la demanda gracias a que son consumidos frescos o en gran variedad de platillos y como ingredientes en la industria alimentaria.

CAPÍTULO IV
COSECHA Y
MANEJO POSTCOSECHA

Cosecha:

La cosecha consiste en retirar las frutas, verduras y hortalizas, de las plantas en el campo, una vez que han alcanzado su madurez fisiológica; esta labor debe ser llevada a cabo cuidadosamente, ya sea con las manos, arrancándolas directamente o utilizando tijeras o cuchillos, evitando impactos y rozaduras de los productos.

Cada cultivo tiene su tiempo de crecimiento y desarrollo, se debe considerar la época de siembra, la mayoría de las especies de hortalizas, por ejemplo, tienen un periodo de desarrollo de 3.5 a 4 meses luego de la siembra, tiempo en el cual deben ser cosechadas.

Para la cosecha de una fruta u hortaliza y posterior colocación exitosa en el mercado es necesario que hagamos coincidir la maduración fisiológica con la maduración de mercado o consumo.

La madurez fisiológica se refiere al desarrollo propiamente dicho del fruto, la maduración de mercado se refiere al estado óptimo para su consumo, es decir, el momento de su colocación y venta en el mercado.

¿Cuál es el momento óptimo para la recolección?

El momento perfecto para la cosecha o recolección del producto es el estado de madurez fisiológica, cuando ha alcanzado lo que los productores llaman **estado de sazón,** aquel estado donde los vegetales han llegado al punto de su máximo crecimiento pegados a la planta y a partir de ahí, iniciarían el proceso natural de maduración.

Esto es, cuando tienen un desarrollo completo, aunque no necesariamente está listo para su consumo; pero ya cuentan con los elementos necesarios para continuar el proceso que los llevará a ser consumibles, apetecibles.

A continuación, veremos en detalle las diferentes facetas del proceso de post cosecha, su óptimo manejo, así como las claves para superar inconvenientes, problemas y posibles pérdidas por ataques de patógenos a los rubros agrícolas de exportación que pudieran estar presentes durante dicho proceso.

Post cosecha:

Una vez cosechadas las frutas, hortalizas y verduras se inicia la etapa de post cosecha, la cual se refiere al conjunto de prácticas de manejo adecuados que debe dárseles con el fin de mantener tanto la integridad física como la calidad hasta su posterior comercialización y consumo.

Dentro de las prácticas de post cosecha se pueden usar recubrimientos a los frutos, para aislarlos de las condiciones externas durante su manipuleo, minimizando impactos o daños que generarán puntos de entrada de microbios y causarán pudriciones blandas. En este sentido, se practica un estricto control fitosanitario mediante un manejo cuidadoso para reducir en lo posible los daños mecánicos, en el caso de las sandias de exportación, por ejemplo, se procede a aplicar fungicidas, sumergir los frutos en agua caliente a 49 grados centígrados durante 20 minutos con el fin de eliminar patógenos por este medio físico como lo es la temperatura, sin alterar el producto en sí, y a refrigerar el producto lo antes posible.

Es absolutamente necesario conocer y manejar los valores adecuados de temperatura y humedad a los cuales deben estar expuestos durante su almacenaje.

Ya dijimos que las frutas, hortalizas y verduras de forma inevitable, una vez retiradas de las plantas en su punto de sazón, continúan el proceso metabólico hacia su maduración y senescencia.

Quiere decir, que la senescencia, como proceso indetenible, causa que la madurez y envejecimiento sigan avanzando, dicho proceso lleva implícitas algunas modificaciones en las características de las frutas, hortalizas y verduras tales como cambios de textura, debido a la disolución de la lámina media interna de las células causando reblandecimiento; cambio del sabor, aroma, olor y en general pérdida de calidad y por ende de su valor comercial; **toca entonces prolongarles la vida después de la recogida.**

Para ello es necesario considerar los siguientes factores con especial precaución durante la etapa de postcosecha para conservarlas en perfectas condiciones.

La respiración: Como materia viva, las frutas, hortalizas y verduras respiran y en este proceso consumen oxígeno y producen CO_2 o dióxido de carbono, según su contenido de reservas de azúcares y almidón los cuales tienden a oxidarse y a descomponerse. La especie, la variedad, el grado de maduración en un momento dado y el ambiente externo (gases, temperatura, humedad ambiental) influyen en el proceso.

El grado de maduración: Este aspecto queda definido en un momento dado por los cambios que observamos en el estado de las frutas, hortalizas y verduras, dado que, como consecuencia del proceso de maduración, llegan a desarrollar una serie de características fisicoquímicas tales como: cambios de color, sabor, aroma, alteraciones de la textura, reducción de la firmeza, entre otros, ello facilita el ataque de plagas y la aparición de pudriciones. **Reconocer estos estadios o fases es sumamente importante para la toma de decisiones a la hora de la selección de los medios de conservación y almacenaje.**

La producción de etileno: El etileno es un hidrocarburo no saturado en estado gaseoso a temperatura ambiente. Responde a la formula química C_2H_4. Es un gas de origen natural que producen las frutas y verduras durante su proceso metabólico, es considerada como una hormona producida por las propias plantas cuyas funciones principales son: Inhibir el crecimiento de las plantas, promover la maduración y envejecimiento de los frutos, favorecer la destrucción de la clorofila por lo que, en los frutos, es responsable del cambio de color, así como la caída de las hojas, flores y frutos por medio de la formación de un tejido de separación o capa de abscisión.

De forma natural gran cantidad de frutos se maduran por acción del etileno, se puede hablar de frutas climatéricas y no climatéricas. las primeras siguen produciendo

Tabla No.4

Vegetales productores de Etileno vs. Vegetales Sensibles al etileno

Vegetales productores de etileno	**Vegetales sensibles al etileno**
Manzanas	Espárragos
Aguacate	Brócoli
Plátanos	Coliflor
Melón	Col de Bruselas
Mango	Calabazas y calabacines
Peras	Cebollas
Melocotones y	Lechuga y
Ciruelas	Repollo
Patatas	Pepinos
Fresas	Zanahorias
Albaricoque, papaya	Acelgas, arvejas
Banano en maduración	Kiwi verde, perejil
Chirimoya	Banano verde, ñame
Durazno, higo	Pimentón, sandia
Granadilla, guayaba	Espinaca, camote
Tomates	Berenjena
Kiwi verde	Berro

Las frutas climatéricas siguen produciendo etileno una vez cosechadas, las segundas no lo siguen produciendo tras su recolección. El etileno es producido por todas las partes vivas de las plantas superiores, sus niveles de producción varían con el órgano, tejido específico y su estado de crecimiento. Es uno de los compuestos más importantes y usados en la industria química del mundo.

La importancia de este conocimiento radica en que permite tomar las mejores decisiones respecto del almacenaje de las frutas, hortalizas y verduras para lograr alargarles la vida y consumirlas en las mejores condiciones.

Por ejemplo, no debemos almacenar manzanas juntas con espárragos u otras hortalizas porque la producción de etileno de las manzanas aceleraría la pérdida de frescura de las otras hortalizas con el subsecuente desmejoramiento de la calidad de ellas.

De manera práctica en nuestros hogares podemos evitar la pérdida de las hortalizas y verduras aumentando su aprovechamiento siguiendo las siguientes indicaciones:

1.- Separa las frutas y verduras colocándolas en distintos compartimientos de la nevera, y si eso no fuera posible, sepáralas depositándolas en bolsas reutilizables.

2.- Adquiere las cantidades que tu familia consume prontamente, así no se quedarán tanto tiempo, perdiendo su valor nutricional.

3.- Saca la fruta antes de comértela, lávala y disfruta de su sabor y aroma a cabalidad.

La humedad y la temperatura: El agua forma parte de la composición de las frutas, hortalizas y verduras en un porcentaje cercano al 90%. Por ello en condiciones de altas temperaturas, cederán agua de su constitución celular al ambiente, por ello, deben ser transportadas y almacenadas a una humedad relativa alta.

La pérdida de humedad tiene como consecuencia que se arruguen o pierdan turgencia, encogiéndose, esto se reflejará como una desmejora de la calidad y valor comercial.

Para reducir la pérdida de humedad, los productos deben ser adecuadamente pre-enfriados. Algunos productos también son encerados o envueltos en películas, empacados con hielo por dentro o empacados con hielo por encima.

La humedad relativa durante el transporte y el almacenamiento debe mantenerse cuanto sea posible.

La temperatura, la humedad y el grado de maduración son parámetros sumamente importantes durante las fases de

almacenamiento, así como durante el transporte y comercialización de los productos agrícolas.

CAPÍTULO V

IMPORTANCIA DE LA CADENA DE FRIO EN LA CONSERVACION DE FRUTAS, HORTALIZAS Y VERDURAS

¿Qué es el frio y qué es el calor?

Por definición, el FRIO, de acuerdo con las leyes de la Física, **es la ausencia de calor**. El calor, por su parte, es una forma de energía en movimiento que se manifiesta cuando dos cuerpos a diferente temperatura se ponen en contacto.

El frío, mediante la refrigeración, permite conservar los alimentos en condiciones óptimas para su consumo, ello es debido a su capacidad de disminuir la velocidad de reproducción de los gérmenes que actúan en la descomposición de los alimentos, proceso que se acelera con el calor, y también porque es capaz de retrasar los procesos enzimáticos que conducen a la maduración.

Imaginemos por un momento los tiempos de nuestros antepasados cuando se vivía de la caza y de la pesca, no existían medios de conservación de las frutas, verduras, hortalizas, carnes, entre otros alimentos, sin embargo, ya desde entonces nuestros ancestros aprendieron a utilizar, de forma intuitiva, el frio como medio de conservación y preservación de sus provisiones alimenticias.

Quiere decir, que ya desde tiempos prehistóricos el hombre primitivo, como consecuencia de que debía conservar lo que cazaba o recolectaba, había dado con la forma de almacenar y conservar sus reservas de alimento, como una manera elemental de garantizarse seguridad en la ingesta diaria.

Desde tiempos remotos se usaron cuevas frías, utilizando el hielo recogido de la nieve de invierno mediante depósitos subterráneos con aislamientos de paja y tierra, de manera instintiva, el hombre percibió cómo conservar al menos por corto tiempo sus alimentos.

La refrigeración, su desarrollo y avance a la par de la electricidad nos ha traído a lo largo de la historia hasta los modernos adelantos que hoy disfrutamos. De tal modo, que el refrigerador, como electrodoméstico casero ha llegado para resolvernos multitud de situaciones que, en otro momento, marcaban otra manera de vivir.

El frío actúa como un inhibidor del desarrollo de las poblaciones de patógenos que provocan la descomposición de frutas, hortalizas y verduras, y por ende como un agente conservador al frenar los fenómenos de degradación de los almidones, azúcares y otras sustancias orgánicas responsables de las características organolépticas de cada fruta, hortaliza y verdura.

Cadena de frio:

Lo que se denomina **cadena de frio,** no es más que el conjunto de etapas por medio de las cuales el producto agrícola, (una vez recolectado, limpio, procesado si fuera el caso, y almacenado) entra en refrigeración de forma continua e ininterrumpida hasta el momento de llegar a manos del consumidor final.

La acción conservadora del frio, se hace más efectiva cuando los productos cuidadosamente cosechados, limpios, tratados y almacenados debidamente empiezan a recibir refrigeración partiendo de una excelente calidad inicial, así como la aplicación inmediata y continuada de los tratamientos respectivos a lo largo de todas las fases que conlleva la cadena, todo ello se inicia con la post cosecha y llega a feliz término con el consumo del producto.

La acción conservadora de los alimentos sometidos a la condición de frio se basa en el continuo control de la temperatura durante todos los eslabones de la cadena de frio, debiendo monitorear y mantener la temperatura dentro de límites aceptables, según el producto.

Si se cumple a cabalidad, la cadena de frio garantiza la perfecta conservación e inocuidad de los alimentos, pudiendo presentarlos ante el consumidor final con todas sus propiedades nutritivas y organolépticas.

Si por razones no controlables se rompiera la cadena de frio, es decir, si no se conservara la temperatura de forma continua, y el alimento pasara de refrigerado, o congelado a temperatura ambiente, habría una alta probabilidad de ataque de microbios, ya que el frio no los elimina en ningún caso, solo los mantiene latentes.

Cuando se tienen frutos no climatéricos el frío retrasa el deterioro y en los sí climatéricos se retrasa el comienzo de la maduración, y si se mantienen a temperatura baja durante mucho tiempo hay que aplicar Etileno (durante más tiempo) para que maduren.

En conclusión la cadena de frio es importante porque el frio de las cámaras de refrigeración tiene la capacidad de retrasar el proceso de maduración y senescencia de hortalizas, frutas y verduras, es decir, hace más lento el proceso de envejecimiento de los tejidos vegetales, controla el ataque de microorganismos y minimiza las pérdidas de calidad de los productos.

Diferenciamos tres fases o etapas de la cadena del frío como parte de la logística de exportación. Éstas son:

1.- Almacenamiento de los alimentos en las cámaras frigoríficas de las plantas de producción y manipulación de alimentos.

2.-Transporte de los productos en vehículos refrigerados y que permiten un registro de la temperatura.

3.- Control de la temperatura en las plataformas de distribución y los puntos de venta autorizados.

Cada fruta, hortaliza o verdura demanda una temperatura ideal para su conservación.

Esto es definitivo y absoluto...Cada alimento presenta unas necesidades concretas de temperatura para su conservación.

Por norma general, los alimentos frescos perecederos deben **refrigerarse entre 0ºC y 8ºC**, vale decir que la refrigeración **consiste en conservar los alimentos a una temperatura, entre 0 °C y 8 °C.**

La refrigeración es la técnica que aplica en los casos de hortalizas, frutas y verduras o en alimentos frescos para conseguir que la proliferación microbiana sea mucho más lenta, así como para lograr el retraso de la etapa de senescencia.

La congelación aplica en otros alimentos como carnes, pescados, mariscos, entre otros, estos deben ser sometidos a temperaturas de -20 o -18 grados con el fin de congelarlos en lo más interno de su núcleo para impedir absolutamente el desarrollo microbiano, al tiempo que se restringe toda reacción química o enzimática. El proceso se inicia sometiéndolos a temperaturas de -40 a -50 grados y una vez congelados se conserva la cadena de frio en -18 a -20 grados Celsius.

La ultracongelación somete los alimentos a temperaturas de -35 a -50 grados por breve tiempo, luego se almacenan en congeladores a una temperatura comprendida entre los -12ºC y los -18ºC. Es importante conservar esta temperatura hasta el momento de la cocción, ya que si se descongelan y no se cuecen los alimentos sufrirán fuertes ataques de microorganismos.

En qué consiste el escaldado

El escaldado es el tratamiento térmico al que es necesario someter los alimentos de forma previa al secado, pelado, refrigeración o congelación posterior, es la primera fase del proceso de conservación.

Consiste en someter los productos a altas temperaturas entre 70 y 100 grados Celsius por breve tiempo, generalmente entre 1 y menos de 10 minutos, luego sigue una próxima etapa que es el rápido enfriamiento para detener posible cocción.

Esta técnica permite conservar el color de algunas verduras, quitar la piel de otras y también reducir su sabor amargo.

Tipos de escaldado

Los tipos de escaldado más comunes son: el escaldado por inmersión en agua caliente, el cual es el más usado en la industria alimenticia, y el escaldado con vapor de agua.

En conclusión, la congelación es una de las mejores técnicas de conservación, y su aprovechamiento puede ser optimizado cuando el alimento fresco está en perfectas condiciones y es sometido a un buen proceso de escaldado, introduciéndolo en agua hirviente por máximo tres minutos y luego enfriándolo rápidamente en agua corriente. Así el producto congelado será de excelente calidad siempre y cuando se conserve a la temperatura adecuada por un tiempo razonable.

Después de varios meses congelados el contenido de vitaminas de los a alimentos empiezan a decrecer y las grasas sufren el proceso conocido como rancidez, es decir, se ponen rancias. Ocurre que con el tiempo las grasas y aceites sufren cambios en sus características organolépticas, presentando olor y sabor desagradable, debido a la producción de sustancias volátiles como aldehídos, hidrocarburos y cetonas, como resultado de la oxidación, con la consecuente pérdida de su valor nutritivo.

Para evitar modificaciones en el valor nutricional de los alimentos congelados, la descongelación debe ocurrir adecuadamente, debe evitarse descongelar y recongelar.

Descongelar en la nevera es lo más recomendable, y cocinarlo de seguidas. Si la pieza es muy grande y tarda en descongelarse (carnes, pescado), debe evitarse que entre en contacto con el líquido que suelta, por el rápido desarrollo de microorganismos.

Frutas, hortalizas y verduras sensibles a la congelación

Como ya se dijo cada producto exige una temperatura óptima para su conservación, transporte y almacenaje.

De manera general tenemos frutas y hortalizas más susceptibles que pueden dañarse por efecto de una congelación ligera, en este grupo encontramos:

Aguacate o palta, albaricoque, banano, bayas, (excepto arándanos), berenjenas, camote, ciruela, durazno, esparrago, habichuelas, lechuga, limón, papa, pepino, pimiento y tomate.

Un segundo grupo moderadamente susceptible es capaz de estar en buenas condiciones después de una o dos congelaciones ligeras: apio, arándanos, arvejas, brócoli, cebolla seca, coliflor, espinaca, manzana, naranja, pera, perejil, rábano sin hojas, toronja, uva, zanahoria sin hojas.

En un tercer grupo encontramos los menos susceptibles, estos pueden ser congelados varias veces. Aquí encontramos: Col de Bruselas, col rizada, colinabo, dátil, nabo, remolacha, repollo, entre otros.

Frutas, hortalizas y verduras sensibles a la refrigeración

Casi todas las frutas, hortalizas y verduras de origen tropical pueden sufrir daños causados por condiciones inadecuadas de refrigeración durante su transporte y almacenamiento, cuando no son sometidos a las temperaturas recomendadas.

Estos daños se notan después que los productos ya no están refrigerados, pudiendo presentar decoloración, áreas húmedas, agujeros, descomposición, entre otros.

Entre los productos sensibles a estos efectos encontramos: aceituna, aguacate, arándanos, berenjena, calabacita, calabaza, camote, melón cantaloup, carambola, chayote, chirimoya, granada, granadilla, jengibre, guanábana, guayaba, kiwi, limones, malanga, mamey, mango, mangostino, maracuyá, naranja, ñame, papa, papaya, pepino, plátano, pomelo, sandia tamarindo, toronja, entre otros.

Algunas frutas y hortalizas

son sensibles a la pérdida de humedad en almacenamiento, tal como se muestra en la siguiente tabla.

Tabla No.5

Vegetales altamente sensibles a la perdida de humedad vs. Vegetales medianamente sensibles

Altamente sensibles	Medianamente sensibles
Acelga	Aguacate
albaricoque	Alcachofa
Brócoli	Apio
Melón cantaloup	Arándano
Mango	Arveja
Cebolla verde	Banano
Cereza, papaya	Calabacita
Ciruela y ciruela pasa	Coco, puerro
Piña	Col de Bruselas
Durazno, uva	Coliflor, sin hojas
Flores cortadas	Verduras con hojas
Frambuesas, fresa	Espárrago, Limón

En algunas oportunidades algunas frutas y verduras deben ser transportados juntas o en cargas mixtas, entonces debe lograrse un nivel de compatibilidad entre la temperatura y la humedad relativa más adecuada, así mismo, con la producción y sensibilidad al etileno, producción y absorción de olor y sensibilidad, teniendo en cuenta estos factores para períodos de almacenamiento de uno o más días.

CONCLUSIONES

- Se hace absolutamente indispensable limpiar de residuos y tierra las frutas, hortalizas y verduras antes de almacenarlas, como medida para retrasar su deterioro y pérdida.
- Se recomienda que la temperatura de la nevera permanezca entre 1 a 3 grados Celsius, para evitar que las frutas y hortalizas susceptibles se deterioren causando pérdidas y sobrecostos.
- Es necesario evitar juntar las frutas que producen bastante

etileno con aquellas que son sensibles al mismo.

- Igualmente, es necesario evitar transportar o almacenar frutas, hortalizas y verduras sensibles a los malos olores con aquellas sensibles a la absorción de olores.

- Con respecto a la humedad relativa, la mayoría de las frutas, hortalizas y verduras, necesitan ser almacenadas a una humedad relativa alta, para no ceder su contenido de agua al ambiente, provocando encogimientos y arrugas.

Resumiendo, es necesario mantener una estricta compatibilidad entre temperatura y humedad relativa, producción y sensibilidad al etileno, producción y absorción de olores a la hora del almacenamiento y transporte.

CAPÍTULO VI

TRANSPORTE DE PRODUCTOS AGRÍCOLAS

REGLAS Y CONDICIONES DE ALMACENAJE.

ESTIBA:

Transporte de productos agrícolas

Es común hoy día que cada vez con más frecuencia sirvamos en nuestra mesa alimentos que son provenientes de otros confines de nuestro mundo, aun cuando no es fecha o temporada de zafra, ello se debe por una parte gracias a la globalización en la que estamos inmersos.

Y por otra, a la gran relevancia que dentro del esquema de la logística de exportación, ha ganado el transporte alimentario como medio para hacer posible una disponibilidad inmediata, pese a las distancias, sin olvidar su reglamentación y su control garantizando unas condiciones óptimas del producto para su consumo final, aun siendo perecedero.

Es recomendable que **productos agrícolas frescos embalados no entren en contacto directo con el piso del vehículo**, deben reposar sobre pallets o estibas.

También los trabajadores involucrados en la carga y descarga de productos agrícolas frescos deben tener una buena salud y seguir las prácticas de higiene personal adecuadas.

Los productos perecederos requieren transportes especiales

Como sabemos las frutas, hortalizas y verduras son productos perecederos, por ello necesitan ser transportados en vehículos especiales ya que requieren que les sea regulada las temperaturas mínimas y máximas, durante el proceso de traslado a fin de garantizar su conservación y preservación.

Los tipos de vehículos se utilizan para el transporte de mercancías perecederas son cuatro:

– Vehículo Isotermo: Tipo de vehículo en el que, en el espacio de almacenaje, en su interior, la temperatura no varía por acción externa. Para ello, su estructura se constituye de una caja cerrada mediante paneles, puertas, suelo y techo lo cual limita el intercambio de calor entre el interior y el exterior.

– Vehículo Refrigerado: vehículo isotermo provisto de una fuente de frío no mecánica, por ejemplo: placas eutécticas, depósitos de hielo seco, entre otros.

– Vehículo frigorífico: vehículo isotermo provisto de un dispositivo de producción de frío mecánico (compresor, máquina de absorción, etc.).

– Vehículo calorífico: Vehículo isotermo provisto de un dispositivo de producción de calor.

Como un medio de asegurarle al comprador o consumidor final la recepción de alimentos en perfectas condiciones higiénicas, así como la conservación de sus propiedades organolépticas, a finales de 1970 se firmó Ginebra un acuerdo sobre Transportes Internacionales de Mercancías (ATP) perecederas y sobre el tipo de vehículos especiales que debía usarse.

Dicho acuerdo es una reglamentación técnico-sanitaria que establece cómo deben transportarse los alimentos perecederos, especifica los requisitos que deben cumplir los vehículos especiales que los transportan y dicta también los procedimientos de control necesarios para asegurar su cumplimiento.

Reglas y condiciones de almacenaje

Cada producto exige condiciones de almacenamiento específicas, así mismo, las reglas y condiciones varían según cada caso dependiendo de las regulaciones locales e internacionales.

No obstante, algunas recomendaciones generales incluyen:

1.- Humedad relativa adecuada: Según se trate del producto la humedad relativa debe ser la indicada. No será igual almacenar granos que tomates, por ejemplo.

2.- Temperatura adecuada: Según hemos venido viendo a lo largo de este contenido, es necesario almacenar las verduras, frutas y hortalizas frescas a una temperatura que garantice su conservación, según el producto, la temperatura adecuada garantiza su conservación durante el almacenaje, transporte y distribución final.

3.- Protección contra plagas: Es necesario mantener una higiene estricta de modo de mantener los rubros almacenados aislados de cualquier ataque de roedores e insectos.

4.- Rotación de inventario: debe dársele salida a aquellos productos que llevan mayor tiempo bajo almacenamiento, así serán mejor aprovechados y se evitarán pérdidas.

5.- Documentación: Es de vital importancia llevar registros precisos y actualizados de cada lote bajo almacenamiento: fecha de ingreso, fecha de caducidad, número de lote, así como cualquier otra información o dato relevante para cumplir con las regulaciones pertinentes a la hora del rastreo en tiempo real.

Con la Tecnología de la Información se dispone hoy día de modernas innovaciones que constituyen plataformas de seguimiento virtual de las operaciones de traslado.

Qué es una estiba:

Se conoce como estiba o estibado de una carga la forma cómo es colocada durante su transportación para su traslado y distribución posterior. Los productos son recibidos por los responsables de tal labor o porteadores, embalada de forma conveniente según su naturaleza, para que llegue en perfectas condiciones a manos del comprador.

Un pallet o paleta es una plataforma horizontal, o armazón de madera, plástico u otro material que es compatible con los equipos para el manejo de cargas y se usa para el embalaje, almacenamiento

y ensamblaje de mercancías. Facilita el levantamiento y manejo con pequeñas grúas hidráulicas, llamadas carretillas elevadoras.

Sus medidas estándar son: longitud 1000 mm, ancho 1200 mm. Peso aproximado: 25 kg.

Carga de trabajo segura en movimiento: 1500 kg. Carga estática: no exceder los 6000 kg en una superficie lisa sólida y segura.

La estiba es el proceso mediante el cual se lleva a cabo una correcta colocación y distribución de los productos en las diferentes unidades de carga de forma de aprovechar el espacio de forma óptima ya sea un vehículo de carga o un contenedor.

Los productos deben estibarse según sus propiedades físicas, así las líquidas debajo de las sólidas, para evitar contaminación por derrámenes, las ligeras encima de las pesadas para evitar daños por aplastamientos.

La forma correcta de estiba es colocar caja sobre caja, haciendo coincidir exactamente una sobre otra para constituir una estructura firme.

Estibas según su material de fabricación:

- Estibas de madera: Las estibas compuestos de madera son los más demandados, alcanzando una cuota de mercado del 90 o 95%. ...
- **Estiba** de plástico: Se trata de una opción que va ganando terreno poco a poco frente a las estibas de madera. ...
- **Estiba** de metal,
- **Estiba** de cartón

El estibador es el trabajador que ejecuta la estiba, es decir, la carga, la distribución y el traslado de la mercancía.

En otras palabras, se ocupa de estibar y desestibar la carga. Estos obreros son responsables, específicamente, de la descarga de la mercancía desde a uno a otro barco en caso de transporte marítimo los barcos en las zonas del puerto.

Así el que hace la estiba es aquella persona que se obliga, mediante una remuneración, a **conducir y entregar por tierra, por agua o por aire, en el lugar convenido, las mercancías que le han sido confiadas para su transporte.**

El fletador, por su parte, viene a ser el ente con el que se acuerda **el contrato comprometiéndose al embarque de las mercancías y al pago del flete.**

Freight Forwarder define un agente de expedición de mercancías, o transportador de carga o un agente de carga.

El Freight Forwarder se encarga de organizar envíos para empresas y particulares con el objetivo de transportar productos de un productor a un mercado, cliente o punto final de distribución, ya sea nacional o internacional.

El Freight Forwarder es experto en la red logística y para ello emplea distintos tipos de métodos de transporte como el aéreo, el marítimo y el terrestre.

El envío lo puede llevar a cabo mediante un solo tipo de transporte o combinar varios de ellos a través del transporte multimodal[1], sobre todo en el caso de largas distancias internacionales.

Es conocedor de los trámites aduaneros, documentación, impuestos, tasas y aranceles de los países de envío, tránsito y recepción. Y esto ayuda a realizar con mayor fluidez, rapidez y seguridad todo tipo de operaciones transitarias a nivel local, nacional y mundial.

---

1.   https://logisber.com/transporte/transporte-multimodal

CAPÍTULO VII

LOGÍSTICA DE EXPORTACIÓN AVANZADA PARA PRODUCTOS AGRÍCOLAS PERECEDEROS

¿Qué significa que un producto o rubro agrícola sea perecedero?

Las frutas, las hortalizas, las verduras entre otros rubros agrícolas se consideran *perecederos* porque una vez cosechados inician un proceso indetenible de madurez y descomposición natural de su estado inicial, ello se ve acelerado por factores como temperatura, humedad relativa y presión.

Dentro de esa misma categoría encontramos alimentos derivados de la leche, aceites, carnes y embutidos de todo tipo, pescados y mariscos, zumos y alimentos preparados.

Fuera de los alimentos también se consideran *productos perecederos* las flores y las plantas frescas recién cortadas.

Esta condición de *perecederos* demanda que los productos agrícolas necesiten entonces un manejo particular post cosecha donde las frutas, hortalizas y verduras, no reciban impactos, no se les apretuje en su almacenaje, no se sometan a altas temperaturas (como sol directo, o frio excesivo, por ejemplo), alta humedad, entre otros factores, todo ello con el fin de asegurar que se conserven en perfectas condiciones de calidad con integridad en su aspecto físico, limpios, preservados de ataques de plagas o insectos. Este último aspecto está legislado y controlado estrechamente en los casos de intercambios país a país y se conoce como condiciones fitosanitarias.

La logística para la exportación de rubros agrícolas se refiere al proceso de planificar, ejecutar y controlar la obtención y movilización de los productos desde el lugar de su producción hasta su destino final.

Lo anterior incluye la gestión de la cadena de suministros, el almacenamiento, el transporte, así como la documentación necesaria para cumplir con las respectivas regulaciones aduaneras internacionales.

Detengámonos a analizar qué es una cadena de suministros agrícola o más bien, agroalimentaria:

Tenemos entonces que, una **cadena de suministros agroalimentaria** integra una secuencia de actividades que lleven a garantizar de forma segura el suministro de insumos a la producción, la obtención de la producción propiamente dicha, la cosecha, el tratamiento post cosecha que conlleva su procesamiento si fuera el caso, la conservación, el almacenaje, la comercialización respectiva, el transporte, la distribución y el consumo final, si abarca exitosamente todos estos aspectos será satisfactoria.

De tal manera que se consideran en la **cadena de suministros agroalimentaria**, en forma general, todos los entes involucrados en el proceso secuencial de llevar el producto desde la unidad de producción agrícola a la mesa del consumidor, esto es: proveedores de insumos, productores o agricultores responsables del proceso productivo agrícola como tal, agentes intermediarios, procesadores, exportadores, vendedores al mayor y detal y por último consumidores.

La **logística** por su parte, además de asegurar el movimiento de los productos, debe optimizar los diferentes recursos (humanos, técnicos, financieros), con el fin de minimizar los costes al tiempo que aumenta la eficiencia de la cadena de suministros en su globalidad.

El proceso logístico incluye la venta de los productos, la entrega a través del envío y transporte de estos a los distribuidores, además de las operaciones de devolución y ajuste a las necesidades del cliente.

Una **logística avanzada**, por su parte, hace referencia a la implementación de tecnologías y prácticas innovadoras para lograr una mayor eficiencia y efectividad de los procesos logísticos, esto puede incluir la automatización de los procesos, el uso de sistemas de seguimiento y rastreo o trazabilidad en tiempo real, el uso de la inteligencia artificial con aprendizaje automático para la planificación y optimización de rutas, así como la implementación de sistemas de almacenamiento automatizados.

Se busca incluir aquí, además la colaboración con proveedores, la adopción de enfoques de logística inversa para superar incisos en la gestión de los flujos en aquellos casos de devoluciones y manejo de residuos.

De manera específica la logística avanzada puede abarcar los siguientes aspectos:

1.- Con la automatización de los procesos: Esto es mediante la automatización de todas aquellas tareas repetitivas y mediante el uso de tecnologías que usen la robótica con el fin de minimizar los errores humanos aumentando la velocidad de dichos procesos.

2.- Con el análisis de datos: Con el uso de la Inteligencia Artificial y el Big Data, como herramientas del análisis de datos se accede a la identificación de patrones y tendencias de los datos de la logística para mejorar la toma de decisiones que lleven a una mejor planificación.

3.- Con la optimización de rutas utilizando tecnologías de seguimiento y rastreo en tiempo real, así como algoritmos de optimización para la planificación de las rutas, se induce la reducción de costos en el transporte mejorando la eficiencia en la entrega de los productos.

4.- Con la colaboración de proveedores: Se busca aquí implementar una innovadora práctica de logística inversa, que permita agilizar o aumentar la eficiencia de los flujos de devoluciones y residuos.

5.- Con el control y seguimiento: En este caso el seguimiento y control permitirá monitorizar los procesos logísticos detectando congestionamientos o cuellos de botella, con el fin de corregir los aspectos causantes eliminando tales trabas y agilizando el flujo.

6.- Con la capacitación y desarrollo del equipo: Si los empleados están debidamente capacitados en lo referente a las tecnologías utilizadas y en las practicas logísticas, esto es un coadyuvante para tener mejor eficiencia diaria y lógicamente mayor productividad.

Importancia de la logística de exportación:

La **logística de exportación** persigue desarrollar un **proceso de exportación** de forma planificada controlando todos los eventos desde que nuestra mercadería sale de su lugar de origen hasta el lugar de consumo. He ahí la razón por lo que resulta fundamental para el buen éxito del comercio internacional.

Entre los principales objetivos de la logística de exportación se pueden citar:

- **Lograr una disminución del tiempo en los ciclos de salida/ entrega de los productos:**

  La implementación de una correcta logística en la exportación, se asegura el cumplimiento del operativo en todos los pasos del proceso de traslado, ello permitirá cubrir a satisfacción los períodos de tiempo pactados entre tu empresa y tu cliente.

- **Lograr hacer un óptimo uso de los recursos de los exportadores**: al saber cómo hacer una buena logística para exportar productos, estarás optimizando el alcance de tus recursos y no tendrás inconvenientes que pueda entorpecer tanto los tiempos de entrega como la actividad operaria de tu empresa.

- **Garantizar la conservación de la calidad de los productos:** El control de cada paso dentro de los procesos (cosecha, manejo postcosecha, lavado, preparado, empacado, refrigeración, mantenimiento de la cadena de frio, transporte, entre otros) es la garantía de la entrega de un producto en perfectas condiciones.

- **Reducir los costos de exportación:** la correcta logística en la exportación es además de suma importancia como garante para la toma de decisiones que favorezcan la situación económica de tu empresa. Si se ejecuta una buena logística de exportación, se evitarán pagos extraordinarios adicionales al controlar percances e inesperados eventos.

- **Lograr una mayor eficiencia y con ello una mayor satisfacción del cliente:** Resulta altamente ganancioso para ambas partes una entrega a tiempo. Es un cliente que volverá a comprar tu producto y no tendrá reparos en recomendarte con amplia referencia.

La logística avanzada, en resumen, busca reducir los costos, mejorar la velocidad y la precisión aumentando la satisfacción del cliente mediante la adopción de tecnologías y prácticas innovadoras basadas en la Tecnología de la Información.

CAPÍTULO VIII

Casos especiales de logística de exportación de frutas en América.

No. 1

Logística de exportación del banano de Costa Rica, el mejor del mundo

Costa Rica cultiva, produce y exporta banano respetando de forma especial el medio ambiente, así como a los obreros y empleados involucrados en dicho proceso.

El banano de Costa Rica es junto al café y el cacao uno de los más importantes productos agrícolas de exportación, con una determinante incidencia en la economía, cultura e identidad nacional.

Desde el punto de vista de su valor nutricional el banano, como producto fresco, es energético y nutritivo, así aporta un estimado de 90 calorías por cada 100 gramos, además posee contenidos importantes de azúcares y grasas. Es rico en potasio y magnesio, con algunos valores de hierro, también contiene betacaroteno, vitaminas del grupo B, ácido fólico y vitamina C.

Alrededor del 1% de la superficie total del territorio nacional está ocupado por plantaciones bananeras, correspondiendo a la provincia de Limón el mayor porcentaje de ocupación con el cultivo, donde absorbe alrededor de un 80% de la mano de obra local.

La actividad agrícola productiva inherente a la producción de banano es un verdadero motor económico y social para el pequeño país centroamericano, capaz de generar aproximadamente 40.000 empleos directos y 100.000 indirectos, los cuales son permanentes ya que las labores de cuidado de los sembradíos, cosecha, manejo postcosecha y exportación se mantienen durante todo el año.

Dentro de estos empleos indirectos se destacan casas comerciales que distribuyen químicos, repuestos y materiales, talleres de mantenimiento industrial, transportistas, fábricas de cajas de cartón para el embalaje de la fruta, entre otros.

Dentro de los 40.000 empleos directos es importante señalar que el dato anterior solo toma en cuenta las labores no especializadas, excluyendo puestos de trabajo como investigadores, microbiólogos y químicos que también participan del proceso, pero desde una óptica de servicios externos.

De modo que dentro del llamado empleo directo se destacan tres grupos, según las actividades que llevan a cabo según sus funciones. El primero de estos grupos está compuesto por los peones agrícolas que desarrollan sus tareas en las plantaciones directamente.

En un segundo grupo se encuentran los trabajadores en las plantas empacadoras que se encargan de clasificar, alistar, embalar y despachar el banano.

Finalmente se encuentran los colaboradores con un grado superior de formación académica y especialización de los cuales se pueden mencionar los administradores, encargados de gestionar procesos de investigación, ingenieros agrónomos, químicos y microbiólogos.

Sin olvidar los recursos materiales que son necesarios dentro de lo que se cuentan equipos como líneas de traslado de racimos, cámaras de limpieza, piletas de lavado, mesas de trabajo, bandas transportadoras que corresponden a las instalaciones de cada empacadora.

Costa Rica es uno de los más importantes países exportadores de banano en el mundo. El rendimiento promedio de las plantaciones es de alrededor de 42 TM por hectárea, equivalente a unas 2.325 cajas por unidad de área, esta cifra corresponde a una de las más altas del globo, parámetro por el que se posiciona en positivo.

El ingreso de divisas proveniente de las exportaciones de banano totalizó en 2021, 1.087,1 millones de dólares. Esto se traduce en un 38,2% de participación en las exportaciones agrícolas, un 8,7% de las exportaciones totales del país y alrededor del 2% del PIB.

Así, Costa Rica se ha perfilado como uno de los tres países más importantes del mundo en la exportación de banano (10%), antecedido por Ecuador (28%) y Filipinas (13%). Los mercados internacionales a los que se destina la exportación son mayormente Europa con 61%, (en el viejo continente reciben el producto Holanda, Reino Unido, Italia, España, Bélgica, Portugal y Finlandia), y Estados Unidos con 34% del volumen de banano exportado.

El sector bananero costarricense, que abarca las plantaciones comerciales manejadas por agricultores locales y empresas exportadoras, ha sido reconocido nacional e internacionalmente gracias al gran esfuerzo que realizan investigando de forma constante cómo superar los logros presentes alcanzados aumentando la productividad de las fincas bananeras al tiempo que reducen la cantidad de agroquímicos en las plantaciones.

Así mismo, se le reconoce porque su forma de producción busca la armonía con los trabajadores y con el ambiente generando uno de los principales productos de exportación, que además cuenta con reconocimiento internacional.

Ese reconocimiento internacional le fue otorgado en el año 2011 cuando la industria bananera costarricense fue galardonada con una notable y exclusiva distinción por parte de la Unión Europea como lo fue la Indicación Geográfica: "Banano de Costa Rica".

Esta es la primera indicación geográfica registrada en Costa Rica y en Latinoamérica, la cual resalta la excelente labor de los ticos como productores de banano y le confiere al producto un mayor valor agregado por diferenciación, al tiempo que informa al consumidor sobre el origen del producto, su calidad y reputación.

La Indicación Geográfica (IG) es un sello distintivo que identifica la procedencia y la calidad del producto y certifica las condiciones en las que ha sido producido. El reconocimiento de IG para el banano de Costa Rica evidencia los estándares de producción en estricto compromiso social y ambiental.

Costa Rica es el único país exportador de banano que posee tan importante reconocimiento, esto es producto de su compromiso social y ambiental.

El proceso de la logística para la exportación se detalla a continuación:

1.- Cultivo: Como ya dijimos, se trata de plantaciones comerciales, manejadas por agricultores locales y empresas exportadoras. El cultivo se desarrolla en una gran variedad de terrenos, se siembra desde tierras bajas hasta laderas de montañas, donde por su condición de ser suelos fértiles, profundos, bien drenados y con alto contenido de materia de orgánica, son perfectos para el cultivo exitoso. La cosecha está entre los 8 y 10 meses después de la siembra.

2.- Cosecha, acarreo y clasificación: Los bananos sembrados, dentro de las fincas son objeto de una serie de procedimientos donde predomina: deshijar (nivelación de la planta), deshojar, aplicar fertilizantes y abonos, limpiar canales y áreas cercanas a la planta, embolsar la fruta (protección contra insectos y animales), cortar el racimo, cuando han alcanzado su madurez fisiológica, pero aún son de color verde y textura firme, concheo o acarreo (llevar el racimo al hombro hasta las líneas o vías de traslado y carrileras).

Una vez en la empacadora son sometidos a un proceso **donde se realiza el desmane y lavado.** Una vez lavados se procede a la fase de selección o clasificación, tarea clave en el proceso de aprovechamiento de cada racimo, consiste en la medición y calibrado, eliminándose los dedos que no reúnen las condiciones, dejando 6 a 7 dedos por gajo, cuidando con esmero la corona. Hay 4 clasificaciones: pequeños, medianos, grandes y extragrandes (más de 4 pulgadas). Los mejores van al mercado de exportación y los de menor calidad van a consumo interno.

Luego, se desinfectan, se le ponen los sellos, se pesan y se organizan dentro de la caja en 4 hileras en forma de fracción de mano denominado "Cluster". Las cajas se cierran y van a la estiba.

De ahí hasta los puertos marítimos. Los puertos de exportación de banano son Limón y Moín

Carrileras para el traslado de los racimos

Cable vía de traslado del banano

En la región Huetar Atlántica, los cantones cuyos terrenos están cultivados con bananos son: Limón centro, Talamanca, Matina, Guácimo, Sarapiquí, Siquirres y Pococí. Estos cantones incorporan en sus economías de forma significativa las actividades relacionadas con la producción del banano para exportación. Así encontramos 26 fincas ubicadas en el cantón de Pococí, 30 en Siquirres, 41 fincas en Matina, 22 en Sarapiquí, 15 en Guácimo, 10 en limón y solo 5 en el cantón de Talamanca

La Organización de las Naciones Unidas para la Alimentación y Agricultura (FAO) coloca a Costa Rica dentro de los primeros cinco países exportadores de banano.

Queda claro que existen ventajas competitivas para la producción del banano en Costa Rica, dichas ventajas le han permitido sobre llevar y superar las presiones de los mercados internacionales.

La región Caribe del país, produce cerca del 98% de la fruta exportada, albergando la mayoría de las empresas, personas e instituciones relacionadas con la actividad.

Existen bases de datos que sostienen al banano de Costa Rica como la futa más comercializada, dentro de estas plataformas se pueden citar Euromonitor 2020, International Trade Centre 2019.

A nivel de fincas el banano se selecciona según su condición y las fincas se identifican con un código generalmente de tres dígitos para dar seguimiento a la fruta vendida una vez llegue a su destino final.

3.-Comercialización: Los bananos son vendidos a importadores y distribuidores en el mercado internacional, para ello, la nación cuenta con acuerdos comerciales con varios paises compradores lo que facilita las operaciones.

4.-Exportación: Se exportan principalmente a Europa, Asia y América del Norte. Con estricto apego a las regulaciones de calidad, seguridad alimentaria, amen de las exigencias aduaneras.

Caso No. **2**

Logística de exportación de mango y aguacate de México

2.1.- Mango, importante rubro de exportación de México en 2023.

De acuerdo con datos del Gobierno, el mango (Mangifera indica) se cultiva en 23 de los estados mejicanos, en un área de aproximadamente 207.000 hectáreas, y en 2021 la exportación alcanzó un valor de 10.859 millones de pesos (571,5 millones de dólares).

Así, para 2021 México se colocó en quinto lugar dentro de los países productores de mango a nivel mundial, antecedido por India, China, Indonesia y Pakistán, alcanzando una producción de más de 2,15 millones de TM, superando en un 3.4% el año inmediato anterior.

El mango, Mangifera indica, originario de la India requiere de condiciones agroecológicas propias de climas cálidos y subcálidos con temperaturas medias de 22 a 28 grados Celsius con 80 a 90 por ciento de humedad en bosque secos tropical y húmedo tropical.

Mango es una planta perenne, para la siembra se utiliza semilla acondicionada para realizar injertos y acodos lo que permite desarrollar variedades.

Con una densidad de 300 plantas por hectárea, se acondiciona el terreno, nivelando, trazando hoyos, se incorpora materia orgánica según la interpretación de los análisis de suelo; se instala el riego, se aplica abono orgánico se controlan y tratan las plagas.

De acuerdo con la variedad, las condiciones climáticas y los cuidados o labores culturales aplicados a la plantación, puede tardar entre 3 y 5 años en producir cargas significativas, algunas variedades cargan hasta los 7 años. El rendimiento promedio es de aproximadamente 5 TM/ha.

La temporada de zafra en México es de larga duración, así se inicia la cosecha en el mes de marzo hasta finales de octubre.

Esta estacionalidad productiva es tan extensa que permite y hace que la mayor parte del año se produzca, se comercialice y exporte este producto natural.

¿Cómo cosechar el mango?

Cuando se realiza la cosecha del fruto es aconsejable realizar una recolección con una escalera y una vara que en su extremo tenga una bolsa provista con una cuchilla, en la cual se corte el rabillo o pedúnculo del fruto.

Es recomendable que, una vez recolectado el fruto se proceda a lavarlo para eliminar cualquier suciedad, luego secarlo y acomodarlo cuidadosamente en contenedores ya sean de madera, plástico o cartón previamente ventilados, para evitarle daños o maltratos, y así poderle transportar satisfactoriamente a cortas o grandes distancias y permitir una excelente distribución de este.

La cosecha de 2023 se perfila como muy abundante y como siempre será Chiapas con la variedad Ataulfo, de mayor tamaño la que iniciará, le seguirá Oaxaca y así sucesivamente cada localidad se irá sumando, siempre en concordancia con los más altos estándares, respecto de la logística del negocio de exportación.

Tabla No. 6
Variedades de mango mexicano de exportación

Variedad	Tiempo de zafra	Características
Ataulfo	Enero a agosto	Textura firme y suave Sabor dulce y cremoso
Haden	Febrero a julio	Agradable sabor con matices perfumados
Kent	Junio a octubre	Sabor dulce. Pulpa firme y jugosa, poco fibroso
Keitt	Mayo a agosto	Rico sabor dulce, pulpa tierna y jugosa pocas fibras
Manila	Enero a Agosto	Sabor dulce ligeramente acido. Textura firme jugoso y delicado
Tommy Atkins	Marzo a julio	Sabor dulce, fibroso. Textura firme

La variedad de mango Ataulfo de México cuenta desde 2003 con la "etiqueta de origen" reconociendo el lugar geográfico en el que se produce, reconociendo el proceso de producción, siembra, características particulares y asimismo se considera como un producto único y protegido legalmente. Esta prerrogativa goza el mango Ataulfo de Chiapas.

La extensa temporada de zafra del mango mejicano inicia en marzo y se extiende hasta septiembre de cada año, coincide con los patrones de consumo europeo, ello implica que los productores mejicanos aplican soluciones logísticas de alta confiabilidad, para hacer posible que sus producciones de mango lleguen a su destino final de forma puntual salvaguardando la frescura, integridad, calidad y sabor característico de cada variedad.

Transporte marítimo y aéreo, garantizan un traslado sin novedad desde Méjico hasta el viejo continente, Estados Unidos y Canadá.

Dentro de los países exportadores encontramos, en primer lugar, Méjico seguido de Perú, Brasil, India, Tailandia, Filipinas, Vietnam, España y Pakistán.

Como importadores destacan Estados Unidos, Canadá, Japón, Paises bajos, Francia, reino Unido, Suiza e Italia.

Méjico cuenta con la ventaja de comercializar directamente en los mercados europeos al lograr acuerdos de eliminación de aranceles de importación para este producto.

Siempre con estricto cumplimiento de las exigencias de los Reglamentos exigidos por la Unión Europea en su legislación alimentaria tales como:

- Inocuidad, norma que establece los estándares para garantizar alimentos seguros a los consumidores. Este reglamento debe ser cumplido por todas las empresas que quieran ingresar a Europa.

- Calidad: En este Reglamento se define el estándar general para todo producto importado y es lo mínimo necesario para la comercialización.

- Empaque: cada unidad de fruta fresca debe ser identificada con los datos del exportador siendo obligatorio incluir el país de origen, la clase del producto y el número del lote.

- Productos fitosanitarios autorizados

- Límites máximos de residuos (LMR) este Reglamento indica los límites máximos de residuos de plaguicidas en alimentos y otros productos de origen vegetal y animal.

Los estados miembros y la Comisión Europea disponen, además, del Sistema de Alerta Rápida, por sus siglas en inglés RASFF el cual es una herramienta que les permite el intercambio rápido y eficaz de información para generar alerta cuando el producto de algún país presenta riesgos para la salud humana y animal. Es base de datos está públicamente disponible, para analizar el riesgo y tomar acciones preventivas antes de exportar a alguno de estos países.

La temporada de producción...

Como ya es costumbre, comenzará **floja** con la cosecha de la variedad Ataúlfo y luego se irá fortaleciendo con la incorporación de los demás estados productores y el resto de las variedades, entre los meses de abril a septiembre.

Durante ese período se afrontarán exitosamente las diferentes etapas que conlleva el proceso de comercialización, negociación y exportación de la producción, la cual se espera supere la anterior, por lo que, más que nunca, nos movemos en el propósito de continuar siendo pioneros y garantes del proceso.

Pese al incremento de la producción prevista:

En esta cosecha, es de esperarse que India continúe conservando el primer lugar como principal productor mundial, seguido de China e Indonesia.

Estos tres países no han sufrido cambios en cuanto a la ubicación del Top 10 durante los últimos años.

Por su parte, Tailandia, Pakistán y el propio México han venido, en el mismo período, disputándose los puestos 4, 5 y 6.

Estos tres países superan cada uno, los 2 millones de toneladas de producción de fruta fresca de excelente calidad y demanda mundial, y se mantienen intercambiando sus posiciones en el top 10.

Por ejemplo, México se situó en el 4to lugar para el año 2016, pero luego desciende hasta el 6to puesto durante 2017 y 2018.

Durante el año 2019 se observó un nuevo incremento en sus exportaciones, no obstante, la pandemia mundial.

De América Latina, Brasil destacó con altas producciones a fines de 2021. También Ecuador y Perú surgen como exportadores importantes y antes de iniciarse la temporada de cosecha en Méjico, se encuentran en etapa de empaque y exportación, es decir, durante la actual temporada, cuando aún en México no se ha iniciado la cosecha, suplen la demanda con destino principal hacia los EE. UU.

La tendencia de producción:

El mango se ha mantenido con tendencia a superar sus niveles de producción y constituye un importante aporte del sector agroalimentario a la economía del país, aportando ingresos millonarios cada año.

La estructura del sector agro productivo unido al modelo de integración del sector de logística y de negocios, ha venido garantizando un excelente resultado económico para el productor y para los demás miembros del sector.

Indudablemente, la condición agroecológica privilegiada, la gran variedad de mangos que se siembran, así como la voluntad, mística y entrega del productor han contribuido a darle sustentabilidad a este modelo de producción.

En 2020, se exportaron 80 millones de cajas de ocho estados a los mercados internacionales, según informaciones suministradas por el consejero de empacadores a nivel nacional.

2.2.- ¿Y qué hay con el aguacate?

El aguacate Persea americana es considerado el "oro verde" mexicano, es consumido en 34 países del mundo.

La palabra aguacate proviene del idioma inca, el náhuatl, "ahuacatl", que significa "testículos del árbol" es originario de Méjico.

También se le conoce como palta (quechua), cura, avocado (inglés) o abacate (portugués), el aguacate es un árbol con fruto comestible que pertenece a la familia *Lauraceae* y cuyas propiedades nutricionales son altamente benéficas para la salud e incluso muy utilizado en cosmética.

Hoy por hoy es uno de los frutos más altamente apreciados en las mesas del mundo, ya que es utilizado en la elaboración de salsas, ensaladas además de su consumo fresco gracias a su reconocido valor nutricional.

Comparado a otras frutas es altamente beneficioso por su contenido de lípidos (12 a 24%), con ácidos grasos mono saturados que ayudan a disminuir el riesgo de enfermedades cardiovasculares, además de aportar minerales al cuerpo, tales como el potasio, el fósforo, el magnesio, el calcio y el sodio.

<u>**Agronomía del aguacate**</u>

El cultivo de aguacate Persea americana Mill. Se da perfectamente en suelos profundos con un contenido de materia orgánica de 2.5 a 5 %, que le proporcione buena estructura y una adecuada proporción de aire y agua para facilitar el drenaje dentro del suelo. La razón de esto es la sensibilidad que presenta el aguacate a la asfixia radicular ya que posee raíces superficiales y no tolera exceso de agua.

En plantaciones nuevas, es necesario saber que el aguacate puede tardar **entre 5 y 10 años** en producir. Se recomienda sembrar semilla para establecer patrones que permitan el injerto de la variedad deseada, en cuyo caso, producen a los 4 años hasta tener los primeros aguacates.

Cosecha y post cosecha:

La cosecha consiste en desprender de las plantas el aguacate de al menos 180 gramos de peso, (la cuadrilla de obreros es debidamente entrenada para saber cuál fruto deben desprender y cuál no), con una escalera, vara con gancho y bolsa, proceden a cortar cuidadosamente el pedúnculo, evitando que caiga al piso, porque se dañará y será desechado. Una vez recogidos se colocan en cajas plásticas son llevados hasta la empacadora.

Una vez en la empacadora es pesada cada caja y el fruto se coloca en cubetas de lavado, luego limpios pasan por una máquina escaneadora que los revisa uno a uno, se empacan, paletizan y pasan al cuarto frio y luego son embarcados a Estados Unidos y Canadá donde llegan en 4 días gracias a la cercanía de México con dichos países.

Michoacán es el principal estado mejicano productor de aguacate Hass. Para 2022 Michoacán era el único estado con autorizaciones fitosanitarias para exportar a Estados Unidos. Aportando más del 80 % de la demanda.

México exporta aguacate a diversos países; entre ellos China, Chile y Australia. Sin embargo, Estados Unidos es el principal importador de aguacate mexicano, seguido por Francia, Japón y Canadá.

Internamente, la demanda no ha sufrido incrementos debido a los altos precios, el consumo por persona se mantiene alrededor de 7 kg (unas 15 libras) al año.

Aguacate Hass en el mundo.

La producción de aguacate variedad Hass en el mundo tiene gran aceptabilidad y su crecimiento ha sido constante en las últimas dos décadas, medido en términos de volumen y área cultivada es la quinta fruta tropical más importante del mundo. Esto se debe a que los consumidores cada vez más buscan tener una dieta basada en productos naturales, no obstante, de este fruto se derivan productos de bastante interés tales como el aceite, el cual tiene gran impacto en la industria cosmética por sus propiedades antioxidantes, en fabricación de productos como jabones, champúes y ungüentos.

El mayor rendimiento se reporta para Israel, con un promedio de 11,2 t/ha; México, principal exportador, tiene 10,1 t/ha, Perú 9,02 t/ha y Chile solo 6,5 t/ha. Colombia tiene un promedio general de 10,8 t/ha, que lo posiciona en el segundo lugar a nivel mundial en este aspecto.

El transporte requerido para exportar aguacate de México a estados unidos es el **transporte refrigerado**, de acuerdo con SADER (Secretaría de Agricultura y Desarrollo Rural) en México. El proceso logístico de exportación incluye mantener la temperatura adecuada y controlada para los productos perecederos.

La exportación de aguacate se maneja solamente en contenedores con atmósfera controlada (CA) La carga debe mantenerse en un ambiente recomendado de 5°C, 5% de dióxido de carbono, 5% de oxígeno y el restante en nitrógeno. Esto puede variar según la cantidad de materia seca del producto.

La variedad de aguacate Hass se exportó con la integración logística puerta a puerta promovida por Maersk, la cual a través de un contenedor salió de Armero (Tolima) vía terrestre. Esta primera operación logística multimodal se realizó en contenedor Reefer con atmósfera controlada.

México es el principal productor y exportador de aguacate en el mundo,

En México las regiones productoras de aguacate pueden producir durante prácticamente todo el año, generando los mayores volúmenes de septiembre a diciembre y los menores volúmenes de abril a junio.

México, Países Bajos y Perú están delanteros en la clasificación mundial de los principales exportadores de aguacate del mundo durante 2021, mediados con ventas internacionales valoradas en $2,976 mdd, con un crecimiento de 12 % año contra año. Los otros exportadores son: España, Chile, Colombia, Estados Unidos, Kenia, Sudáfrica y Francia.

REFERENCIAS BIBLIOGRAFICAS

1.-https://www.agropprod.com/informacion/los-10-cultivos-mas-importantes-del-mundo/

2.https://www.centralamericadata.com/es/search?q1=content_es_le:%22precio+del+az%C3%BAcar%22&q2=mat

3.-https://central-law.com/costa-rica-boletin-sector-Agricola

4.https://www.corbana.co.cr/banano-de-costa-rica-2/#geografica

5.https://cursolimon2.blogs.upv.es/2020/03/10/evolucionhistorica-de-la-refrigeracion/

6.https://www.dachser.com.mx/es/mediaroom/Dachser-Mexico-Mantiene-las-Exportaciones-del-Mango-Fluyendo-a-Europa-7558

7.http://infoagro.net/programas/agronegocios/pages/cursoGestion/Modulo_IV/Modulo_04.htm The Packer, 2000 Produce Services Sourcebook, Vol. CVI, No 55, 2000

8.https://logisber.com/blog/que-es-un-freight-forwarder#:~:text=El%20Freight%20Forwarder%20se%20encarga,ya%2C

9.-https://mundi.io/exportacion/importancia-logistica-de-exportacion/#:~:text=La%20log%C3%ADstica%20de%20exportaci%C3

10.-https://mundi.io/exportacion/exportacion-productos-agropecuarios-mexico/

11.- Ruiz González B., Ruiz, González M."Plan de Exportación de mango Ataulfo mejicano de la mediana empresa Sabb, Sol y Mangos a Alemania" Universidad Autónoma del Estado de Méjico.

Did you love *Tratado moderno de logística, distribución y exportación de rubros agrícolas*? Then you should read *Producción y logística para la exportación de mango y aguacate*[1] by Wilmer Antonio Velásquez Peraza!

En el mundo complejo de hoy, donde las complicaciones, los excesos, las desigualdades, los sistemas establecidos, las políticas económicas, sociales y los métodos de exclusión en el planeta nos exigen ser muy creativos.

Producción, logística, manejos adecuados y métodos típicos para una correcta exportación de frutos como el mango y aguacate nos están demandando mucha atención y la adecuación de tecnologías eficientes y generadoras de valor agregado.

Esos niveles de valor agregado se estilan en épocas difíciles o de incertidumbre, aun cuando la pandemia mundial afectó seriamente el proceso de exportación de miles de productos, incluyendo pasajes desde

---

1. https://books2read.com/u/4EJ5DA

2. https://books2read.com/u/4EJ5DA

finales de 2019 hasta la fecha, en los cuales su venta ha crecido un promedio de 4.5 % anual, un muy buen porcentaje, incluso mayor al de otros frutos tropicales como el plátano, la piña y el aguacate.

Rubros élite y muy apetecidos en el mundo.

Constituyen frutas tropicales que cada vez se consolidan, su presencia en el mercado justifica el aprecio que se les tiene, creando sus propias reglas. Mientras el resto de las especies demuestran estar sometidas a la tradicional ley de la oferta y la demanda cada temporada, exhibiendo eventuales ajustes en su producción, fluctuaciones en los mercados y oscilaciones en el consumo, el mango y el aguacate, su producción, la logística usada y manejos cada vez más sofisticados hacen que sean auténticos comodities, apreciados y muy valiosos.

En este pequeño libro te vamos a hacer partícipe de diversos procesos y acercarte a un conocimiento que hará de ti desde un gran productor y un gran exportador, contribuyendo así con tu economía y por ende la de toda tu familia, así que no se diga más, es el momento de avanzar, que comience nuestro recorrido.

Luz y vida a través de este manual que es para ti.

Read more at https://kdpeditorialdesign.com/.

Also by Ana Elizabeth Duarte Hernandez

Espiritual, crecimiento personal
Guía práctica para vivir en la Consciencia del Ser
La Era Virtual: Un mundo de algoritmos, bots e inteligencia artificial
para ti

Finanzas & Libertad Fnanciera
Dinero en línea Interconexión Global
El Maravilloso mundo del Trading
Trading Studio 2.0

KDP Editorial Design
Principios de Redacción SEO optimizada para el posicionamiento
orgánico

Producción, logística y Exportación
Tratado moderno de logística, distribución y exportación de rubros
agrícolas

Watch for more at https://kdpeditorialdesign.com/.

Also by Wilmer Antonio Velásquez Peraza

Finanzas & Libertad Fnanciera
El Maravilloso mundo del Trading

KDP Editorial Design
Principios de Redacción SEO optimizada para el posicionamiento
orgánico
101 Tips para ganar dinero escribiendo
Nuestro sueño hecho realidad

Producción, logística y Exportación
Tratado moderno de logística, distribución y exportación de rubros
agrícolas

SEO & Marketing
Hazte experto redactor SEO de 0 a 100 en 3 semanas

Watch for more at https://kdpeditorialdesign.com/.

www.ingramcontent.com/pod-product-compliance
Lightning Source LLC
Chambersburg PA
CBHW061330120726
48001CB00002B/774